TRAITÉ DES TALISMANS OV FIGVRES ASTRALES:

Dans lequel est monstré que leurs effets, & vertus admirables sont naturelles, & enseigné la maniere de les faire, & de s'en seruir auec vn profit & aduantage merueilleux.

A PARIS,
Chez P. DE BRESCHE, Libraire & Imprim. ordin. de la Reyne, ruë S. Iacques, vis à vis S. Benoist, à l'Image S. Ioseph & S. Ignace.

M. DC. LVIII.
Auec Approbat. & Priuilege.

A MONSIEVR
LE CHEVALIER
D'IGBY,
CHANCELIER
DE LA REYNE
de la grande Bretagne, &c.

ONSIEVR,

Vn seul motif me porte à donner ce petit ouurage au public, & plu-

ã ü

sieurs m'obligent à vous le dédier; la priere d'un amy me l'a fait composer, & celle d'un curieux m'importune de le mettre sous la presse : mais sans parler de l'amitié que ie vous ay voüé depuis que i'ay l'honneur de vous connoistre, i'ay toutes les raisons que l'on peut avoir de ne le mettre en lumiere que sous vostre faueur. L'ouurage est curieux, sa matiere est delicate, il suppose une grande connoissance des belles choses, & des lumieres qui ne soient pas communes : Il demande un esprit de discernement auec une pureté de conscience, & un homme non seulement esleué au dessus du vulgaire, mais qui soit des plus éclairez; Où pourrois-je, MONSIEVR, trouuer toutes ces qualitez qu'en vostre personne, & quand quelqu'autre auroit le bon-heur de les posseder; vous leur donnez un si grand éclat qu'on ne peut rien adjouster à sa lumiere. Si cét ouurage est curieux, vous auez toûjours porté auec aduantage ce riche caractere des beaux esprits: Si sa matiere est delicate, vos écrits font connoistre que ce vous est un diuertissement de traiter auec solidité des sujets les plus delicats, & d'y reüssir auec loüange ; S'il suppose la connoissance des belles choses, vous l'auez puisé dés vostre bas âge d'une si belle maniere qu'il semble que vous l'auez succé auec le laict ; S'il demande l'intelligence des sciences plus sublimes, l'on demeure d'accord que vous ne sçauez pas seulement ce qu'on peut apprendre de la Philosophie & de la Theologie, mais que vous les possedez d'une façon si particuliere, que si nous les considérons dans vos œuvres, elles ont un visage si agreable qu'en les regardant apres dans celles d'autruy, on pourrait penser que ce sont deux objets differens. Vous avez aussi découvert ces belles connoissances que tous les curieux recherchent, & où plusieurs ne peuvent atteindre. S'il desire encores un esprit de discernement & de sagesse, les lumieres qui vous sont comme infuses, & le grand iugement qui paroist en tout ce que vous faites, nous persuade que vous iugez avec tant de clarté

& décombrez auec tant de facilité le fort & le foible de toutes choses, que l'on peut soustenir sans flaterie que vous agissez d'une façon beaucoup plus esleuée que celle du commun. Pour ce qui regarde la pureté de conscience qu'il demande, comme c'est vn poinct qui est caché & qui n'est connu que de Dieu seul, il semble que ie ne deurois rien dire icy de la vostre; mais puisqu'il est permis de iuger par les œuures, ie publieray sans crainte que ie ne puis lire vos beaux écrits de l'immortalité de l'ame, ie ne puis iouyr de

vos Chrestiens & pieux entretiens, ie ne puis sçauoir que vous soulagez les miserables dans le besoin auec vne generosité sans exemple, & que vous auez tousiours les mains ouuertes pour secourir vostre prochain. Enfin ie ne puis apprendre de la voix publique, que les plus pieux & les plus sages du siecle font gloire de vous imiter, sans estre persuadé que vous estes du nombre de ces ames choisies qui ont receu du Ciel en partage vne bonne conscience, & vne vertu plus esleuée que celle des autres, & que si *vous auez en main ce qui peut faire du bien & du mal, vous n'en faites iamais qu'vn legitime vsage. Quand ie n'aurois pas tout le respect & tout l'amour que i'ay pour vous,* MONSIEVR, *& pour vostre merite, ie ne me pourrais deffendre de vous offrir ce petit ouurage, puisque vous estes à mes yeux & à mon iugement accomply en toutes choses. C'est donc à vostre merite que ie l'adresse, & comme il doit receuoir de luy seul sa protection, ie vous prie de le receuoir auec le mesme zele que ie vous le* *presente, quoy que la necessité en cela ait devancé mon devoir. Que si en faisant profession publique de vous honnorer en ce rencontre ie ne mets pas toutefois mon nom, c'est qu'il me semble que ie le dois taire & au public & à vous-mesme. Au public afin qu'il sçache que vos vertus sont si connuës, que les plus des-interessez, & qui paroissent tels en supprimant leurs noms sont obligez de les publier. A vous-mesme, puisque ie ne fais icy que ce que chacun doit faire à vostre égard ; & comme il n'est pas necessaire que le* Roy *passant dans les ruës sça-che le nom de celuy qui crie* viue le Roy, *parce qu'il n'y a personne qui ne soit obligé à ce deuoir, il n'est pas besoin aussi que mon nom paroisse en vous ren-dant des respects, puisque c'est vn deuoir public pour tous ceux de vostre merite. Que si vous desirez absolu-ment le sçauoir, il vous sera facile quand vous vous souuiendrez de celuy qui vous honore plus que tous vos seruiteurs ensem-ble, puisque ie suis*

MONSIEVR,

Le plus humble & le plus obeïssant. D. B.

LES TALISMANS IVSTIFIEZ.

LORSQVE la nuict ne fait que commencer, nous découurons encore vne partie des beautez du iour : mais ainsi qu'elle aduance, tous les objets de la nature disparoissent, & nos yeux se trouuans enuironnez d'ombrages & de noirceurs, obligent nos esprits de recourir à l'artifice, pour emprunter des clartez & adoucir l'horreur de ses tenebres, qui ne sont pourtant que de foibles images des beaux rayons solaires, celestes, vehicules des lumieres qui composent nos iours. A la naissance du monde, que ie considere comme son Orient, nostre premier Pere se leua au milieu du Paradis terrestre comme vn beau Soleil, reuestu des lumieres de toutes les connoissances qui pouuoient satisfaire son entendement;

Il connoissoit parfaitement la nature & proprietez de toutes choses : Il sçauoit le pouuoir des Astres, les influences des Planettes, & le meslange des Elemens, & cette precieuse enchaisneure de science, qui n'est connuë que par les plus éclairez, estoit l'vn des plus beaux ornemens de son esprit; Ces lumieres se sont communiquées de pere en fils iusques à Noé, de Noé à Moise, qui terminant le premier iour du monde, & commençant la loy escrite a commencé pareillement la nuict par sa retraite ; d'où vient que l'Ecriture remarque que depuis Moïse l'on n'a point veu de Prophete en Israel qui vist Dieu face à face, *non surrexit vltra Propheta sicut Moyses quem nosset Dominus facie ad faciem*, pour nous donner à entendre que Moïse estant mort Dieu commença à retirer sa face rayonnante pour finir ces beaux iours ausquels il conuersoit familierement auec les hommes, & leur departoit par le moyen de son fidel truchement les plus sublimes & agreables veritez : mais comme apres Moïse la nuict ne faisoit que commencer, les hommes découuroient encores quelques ombrages de ces belles sciences, que le vulgaire appelle curieuses ; & qui estoient autresfois les plus familiers entretiẽs de nos sages Ancestres: les Chaldeens, les Perses & les Egyptiẽs en auoient retenu quelques images: mais commençans à s'éloigner de leurs premiers maistres, elles commencerent à s'effacer de telle sorte, que ces notions qui auoient esté vniuerselles, se diuiserét comme des ruisseaux qui s'égarent de leurs sources, & ne se peuuent plus rejoindre; & comme elles se deffendoient par leur liaison, elles sont aussi deuenuës foibles par leur diuision: cette riche enchaisneure faisoit voir euidemment la verité de leurs principes, & cette separation les a rendu toutes douteuses. Enfin le monde s'eloignant de plus en plus de nos premiers Docteurs, se void presentement dans vne entiere nuict ; & ne nous reste plus que des grossiers crayons de ces diuines connoissances, voires leurs objets sont si couuerts d'ombrages, qu'à peine peut-on découurir leur premiere couleur, & tous nos artifices paroissent inutiles en la recherche de ces belles lumieres. Le Diable qui se plaist en la nuict comme Prince des tenebres, enuieux de nos aduantages, s'est efforcé par ses mensonges d'accroistre cette confusion, de dissiper ce peu de clartez qui nous reste, & nous reduire tout à fait au dernier poinct de l'ignorance; A cette fin il a enseigné vne Nigromancie pour l'opposer à la Magie diuine, & rendre la plus saincte science soupçonneuse par de vaines ceremonies & superstitions. Il a forgé des Royaumes d'Idoles, de Larrons, d'Incestueux & d'Adulteres placez au Firmament pour composer vne trompeuse Astronomie; Il a donné l'inuention aux hommes de se rendre les demons familiers, pour contrepointer l'innocent vsage des colloques auec les bons Anges; Il a distribué de certains caracteres superstitieux, pour nous oster l'enuie de rechercher les innocens & veritables; & il a si bien reüssi en nos iours, ou plûtost en nos nuicts (puisque nous ne voyõs plus qu'à trauers des nuës obscures & tenebreuses) que ces diuines connoissances sont appellées par les plus modestes curieuses; &

la Magie que professoiét les Sages & les Rois n'est pl' attribuée qu'aux pl' impies ; voires c'est vn crime aujourd'huy de se nommer Magicien, cõme c'estoit autrefois vn honneur de l'estre. L'Astronomie celeste, science plus digne des Anges que des hommes, ne passe plus que pour vne réuerie ; & si nous declarons que par son moyen nous pouuons composer des Sceaux, des Images, des Caracteres & des figures Planetaires, auec lesquels nous pouuons faire des choses tresmerueilleuſes & ſurprenantes, à meſme temps on nous accuſe d'auoir commerce auec le demon, & nous ſommes contraints de nous taire & de mettre la lumiere ſous le boiſſeau, pour ne point offenſer les yeux des ignorans, foibles & chaſſieux.

Il me ſemble toutefois que nous ne deurions pas vſer de cette retenuë, & qu'il n'eſt point iuſte pour complaire aux ignorans & au vulgaire, que l'on cache des veritez qui peuuent contenter les esprits des sages & des sçauans. Il me semble qu'il n'est pas raisonnable de souffrir plus long-temps que l'on blasme tant de grands personnages, pour nous auoir voulu cõmuniquer dans leurs écrits les plus beaux thresors qu'ils ont acquis par leurs trauaux & par leurs veilles. Il me semble qu'il est tres-à-propos de retirer plusieurs bons esprits de la crainte qui les empesche de se porter à la recherche des belles choses, & leur monstrer que souuent on condamne incon-

inconſiderement ce qui eſtant connu dans ſa pureté merite l'approbation de tout le monde.

La defence des Taliſmans que i'entreprends à la priere d'vn Amy dãs ce petit ouurage peut faire cét effect, puiſque veritablement ie ne vois rien dans tous les beaux écrits des Hommes illuſtres qui ait eſté plus combattu; ce qui a diminué l'authorité des vns, affoibly le credit des autres, & noircy la reputation de tous, & neantmoins ie n'y remarque rien du tout qui ne soit tres-innocent & naturel, comme vous pourrez voir facilement par les suiuants discours.

L'ORIGINE DV TALISMANT.

PVisque les anciens Arabes, comme Almanzor, Messahahla, Zahel, & autres, rapportent des exemples tres-veritables des Talismãs, puisque les anciens Hebreux, comme Tahel, Ragahel, Tetel, & Salomon ont enseigné du façon & la matiere des Talismans, puisque de tout temps l'experience en a fait connoistre le pouuoir, puisque les histoires sont remplies de mille beaux exemples, qui iustifient la puissance des Images Talismaniques; puisque nous trouuons écrit qu'il ne plouuoit iamais dans le paruis du Temple de Venus à Cypre, par la vertu d'vn Talisman fait & graué à ce dessein, que sous le regne de Chilperic Roy de France en creusant quelque fossé de la Ville de

Paris ; on trouua vne figure d'airain qui representoit vn feu ; vn serpent & vn rat d'eau, & que les ayant ostées de leur place il arriua vn grand embrasement qui brusla presque toute la Ville ; & les Parisiens furent incõmodez d'vn nombre prodigieux de serpens & de rats d'eau, au rapport de Gregoire de Tours ; puisque les Annales de Turquie rapportent qu'il y auoit à Constantinople plusieurs fatales Statuës, qui ayant esté destruites & abatuës ; la Ville fut affligée de plusieurs grands malheurs, & qu'entr'autres la statue d'vn Cheualier qui seruoit de preseruatif contre la Peste, ayant esté renuersée les habitans en furent infectez; puisque les histoires font foy qu'il y a eu dans plusieurs Villes de certaines figures qui pouuoiét empescher qu'elles ne fussent prises des ennemis: que tel estoit le Palladium de Troye, les Boucliers de Rome, & plusieurs Dieux Tutelaires; puisque Albert le Grand, Marcile Ficin, Paracelse, Roger Bacon, Arnaud de Villeneuve, & plusieurs autres ont fait des traitez tous entiers pour monstrer la force des Talismans. Il est certain qu'ils ont esté de tout temps en vsage, & partant nous pouuons dire ensuite que cette science a esté inspirée comme les autres à nostre premier Pere, & qu'elle s'est communiquée successiuement iusques à nos iours; & bien que plusieurs tiennent que le mot du Talisman soit deriué du mot Grec

Τελεσμα, qui signifie perfection, parceque les Talismans sont les plus parfaites choses d'icy bas, ayans vne puissance pareille à celle des Astres & des Planettes. I'ayme mieux croire qu'il vient du mot Hebreu *Tselem*, qui signifie Image; que si cette science a esté inspirée à Adam, elle n'est ny vaine ny superstitieuse: mais parceque cette verité ne se peut monstrer euidemment, iustifions l'innocēce du Talisman par l'examen de sa nature & de sa cōposition.

CE QVE C'EST vne TALISMANT.

TAlismant n'est autre chose que le sceau, la figure, le caractere ou l'image d'vn signe celeste, Planette ou Constellation, faite, imprimée, grauée, ou cisellée sur vne pierre sympathetique, ou sur vn metail correspondãt à l'Astre, par vn ouvrier qui ait l'esprit arresté & attaché à l'ouurage, & à la fin de son ouvrage, sans estre distrait ou disſipé en d'autres penſées eſtrangeres, au iour & heure du Planette, en vn lieu fortuné, en vn temps beau & ſerein, & quand il eſt en la meilleure diſpoſition dans le Ciel qu'il peut eſtre, afin d'attirer plus fortement ſes influences, pour vn effet dependant du meſme pouuoir & de la vertu de ſes influences.

Par cette definition ou deſcription, il paroiſt qu'en la compoſition des Taliſmans pluſieurs choſes ſont à conſiderer; à ſçauoir, la matiere, la forme, la fin, les effets, l'ouvrier & les diuerses circonstances: ce qu'estant tout examiné par la raison, l'on connoîtra facilement que les Talismans sont naturels, & non magiques & superstitieux.

Premierement la matiere est vne pierre ou vn metail que la nature nous fournit, & qui n'a point esté forgé dans les Enfers, la forme est vne figure, image ou caractere qui ne represente pas vn demon, mais vn homme, ou bien quelque animal: l'ouvrier est vn graueur qui ne fait pas des conjuratiōs; s'il doit estre attaché à son ouurage, c'est vne condition necessaire à tous les ouuriers qui ont dessein de trauailler heureusement : la fin est d'attirer les influences des Planettes, ce que toute l'Escole accorde estre possible : l'effet est de iouyr de la vertu de l'influence, ce qui est naturel, puisqu'en possedant la cause, rien ne peut empescher de posseder l'effet; les circonstances ne sont point vicieuses, d'autant qu'elles sont toutes conformes à la fin de l'operation : En effet puisque la fin du Talisman est d'attirer les influences des corps superieurs pour des effets particuliers, il est tres-naturel d'obseruer de poinct en poinct ce que dessus, ainsi tout y est innocent. Mais pour y proceder plus clairement & methodiquement, voyons en premier lieu que les influences des corps superieurs descendēt icy-bas. Secondemēt qu'on les peut attirer abondamment & fortement, & nous verrons ensuite comme

comme cela ſe fait par le moyen d'vne pierre ou métail ſymbolique, ou conforme au Planette, en grauant ſa figure, image, ou caractere, au temps de ſa meilleure diſpoſition, & dans toutes les autres circonſtances cy-deſſus declarées, pour conclure aduantageuſement que les figures Taliſmaniques ſont innocentes & naturelles.

Pour ce qui regarde le premier, il n'eſt pas neceſſaire de m'arreſter long-temps pour le prouuer, estant manifeste à tous ceux qui ont des yeux, que le Soleil, la Lune, les Astres, & tous les corps superieurs enuoyent continuellement leurs vertus icy bas, & que s'ils cessoient quelque moment de se communiquer, il se feroit vne generale corruption dans toute la nature : La matiere de tous les composez de la nature inferieure se prend des Elements, mais la forme descend du Soleil & des Astres : Et nous pouuons dire que ces grands corps superieurs dominateurs de l'Vniuers, sont leurs peres, meres, & leurs nourrices, qui les forment, les éleuent, & les conseruent. Que si les Astres concourent à nos productions, ils sont necessaires pour nous conseruer, la conseruation n'estant autre chose qu'vne continuée production de l'Estre, & ainsi qui nieroit les influences des Astres sur la terre, la détruiroit entierement, parce que n'étant informée & enrichie que de leurs vertus, elle periroit auec toutes ses raretez, si elle n'estoit nourrie des mesmes aliments qui l'ont renduë fœconde; & cét article ne peut souffrir aucune difficulté, puisque l'Ecole mesme qui s'est rendu ennemie particuliere des Talismans, auouë les influences des Planettes; mais il n'est pas si aisé à croire que ces influences se puissent attirer si fortement & abondamment par le moyen de l'artifice dans vn suiet choisi pour cét effet, j'estime toutefois que les preuues n'en sont point difficiles. L'experience nous fait-elle pas voir que par le miroir ardent nous ramassons les rayons Solaires vehicules de ses influences, & les introduisons dans l'étouppe, ou autre matiere combustible, qui s'allume par cét artifice, à raison de la disposition qui est en la matiere pour receuoir ce feu; que si cela se fait à l'égard du Soleil, il se peut faire à l'égard des autres Planettes par la mesme voye, d'autant qu'ils influënt icy bas chacun à leur façon comme fait le Soleil, & leurs influences peuuent estre attirées par celuy qui en connoistra les moyens & les matieres disposées à les receuoir.

Que si doncques en premier lieu les influences descendent icy bas ; & si en second lieu on les peut attirer fortement & abondamment par quelque artifice sur des matieres propres, comme l'experience le monstre euidemment, nous n'auons plus qu'à voir & colliger de là que les Talismans sont naturels en toutes les circonstances qui accompagnent leur composition.

PREMIERE condition.

PRemierement il faut que la matiere soit vne pierre ou vn métail, car comme le monde est fait de telle sorte, que toutes ses parties sont continuës & vnies ensemble, & par cette liaison se communiquent & font vn commerce general pour s'assister dans le besoin, & concourir chacune à leur mode à la cõseruatiõ du tout qu'elles cõposent. D'où vient que ces inferieurs ayant besoin des superieurs, & les superieurs dominans absolument & souuerainemét sur les inferieurs, qui ne subsistent que par leur secours, les corps superieurs enuoyét sans discontinuation leurs influences pour conseruer, ayder, & secourir les corps inferieurs; & comme l'action se reçoit selon la disposition du suiet, les Astres influent plus abondamment sur les suiets mieux disposez, & parce que la meilleure disposition du suiet vient de la sympathie qui ſçait vnir les homogenes par vn lien miraculeux, comme nous voyons en toutes les choſes qui ont entr'elles ſympathie, qui ſe recherchent, s'approchent, & s'vniſſent par vn ſecret mouuemēt de la nature, & en celles qui ont antipatie, qui s'éloignent & ſe ſuiuent par vn reſſort & principe contraire : Il s'enſuit que les Aſtres doiuent agir plus aiſément & fortement ſur les ſuiets qui leur ſont ſympathetiques & conformes. L'Eſtoile Polaire agit-elle pas par cette loy à la veuë de tout le monde, sur le fer touché de l'aymant plus que sur les autres corps qui n'en sont pas touchez? Or il est certain que de tous les corps inferieurs il n'y en a point qui ait plus de sympathie auec les superieurs que les Pierres, les Mineraux, & les Metaux, qui ont receu en partage des formes toutes Astrales, & plus approchantes de la nature du Ciel, estant composez d'vne matiere plus forte & plus compacte,

& plus propre à receuoir & à conseruer ces celestes vertus, & partant les Astres à raison de ce rapport influënt plus fortement & abondamment sur les metaux, mineraux, & pierreries; c'est pour cela que les anciens, plus éclairez que nous ne sommes, ont dit que ces belles pierres que nous appellons precieuses, estoient les larmes des Cieux coagulées, & ont donné aux metaux les mesmes noms que l'on donne aux Planetes : C'est

pour

pour nous apprendre que si les noms se donnent par les Sages conformement à la nature des choses, les Metaux ayans receu des Sages les mesmes noms que les Planettes, ils auoient aussi vne mesme nature. En effet, Ioseph a enseigné expressémẽt que les Metaux auoient les mesmes qualitez que les Planettes & les Astres, il me semble que l'induction n'en sera point desagreable, puisqu'elle fera voir entre les Metaux & les Planettes vne sympathie tout à fait merueilleuse ; chacun sçait qu'il y a sept Metaux aussi bien qu'il y a sept Planettes, que le plomb est appellé Saturne, l'estain Iupiter, le fer Mars, l'or le Soleil, le cuiure Venus, le vif-argent Mercure, & l'argent la Lune ; mais peut-estre plusieurs n'ont pas examiné la sympathie qu'ils ont ensemble, qui est pourtant le fondement qui a porté les Philosophes à les nommer de mesmes noms. Saturne est vn Planette humide, melãcholique, & tout à fait terrestre, &

le plomb a-t'il pas les mesmes qualitez, il est mol partant humide, la mollesse prouenant de l'abondance de l'humidité, il est pesant à raison de cette mesme humidité, il est terrestre puisqu'il se resout presque tout en scorie. Saturne est le plus haut de tous les Planettes, & le plus éloigné du centre de la terre; il est tardif en son mouuement, graue, triste & noir, qui deuore ses enfans; il est appellé le vieillard & l'infortuné par les Astrologues: Et le plomb est le plus imparfait de tous les metaux, estant crud, indigeste, il est tardif en toutes ses operations, il a vne couleur cendrée, il deuore ses enfans, c'est à dire les autres metaux, qu'il destruit, excepté l'or & l'argent. Saturne trouble tous les Planettes quand il leur est conjoint, aussi fait le plomb tous les autres metaux par sa conjonction.

L'Estain pareillement est sympathique auec Iupiter, Iupiter est blanc par son aërienne qualité, & son estoile n'est point rouge comme les autres ; mais approche du blanc : ainsi l'Estain a la mesme couleur. Iupiter est benin, & n'est pas d'vne maligne nature en quelque configuratiõ du Ciel qu'il se rencontre, il est bon-heur, s'il est conjoint auec quelque malin ; il n'est pas destruit, ains seulement debilité : voires s'il est joint à Saturne, il affoiblit & adoucit ses mauuaises qualitez : l'Estain fait le mesme en Chimie, il produit toûjours vn bon effet, il repare la destruction du plomb par ſon mélange. Iupiter joint à la Lune, ou la regardant en quelque configuration, taſche de deſtruire ſes irradiations, ou du moins de les adoucir par des cõtraires qualitez : ainſi l'eſtain joint à l'argent, en ſi petite quantité que vous voudrez, il le confond & l'altere tellemẽt, qu'il n'eſt plus traitable ny maniable. Si Iupiter eſt conjoint à Venus, il le rend enclin à l'amour par la mixtion & qualité des humeurs, d'où vient que quãd il voulut jouïr de l'amour d'Europe il prit, selon les Poëtes, la forme d'vn Taureau, qui est le signe de Venus au Zodiaque : ainsi l'estain meslé auec l'airain fait vne bonne mixtion. Si Iupiter est joint à Mars, il se rend colere, & si l'estain est joint au fer, il fait vne vnion tres-forte.

Le fer est vn metail tres-dur, dedié à Mars : Mars est chaud & sec, aussi est le fer, le fer n'est pas de facile fusion, & les qualitez de Mars ne s'apperçoiuent pas aisément : Mars joint aux Planettes est nuisible, toutesfois joint à Venus il fait vne bonne conjonction, & depose toute sa malice : ainsi le fer ne se joint point auec les autres metaux, si fait bien au cuiure. Les Poëtes ont feint pour cela que Cupidon estoit engendré de Mars & de Venus, disons encores que l'estoille de Mars est semblable à vn fer embrasé.

Le Soleil tient le milieu entre les Planettes, il n'est pas tardif comme Saturne, ny si viste comme la Lune; il garde le moyen mouuemét; ainsi l'or le soleil des Metaux, tient le milieu entr'eux, il n'est pas de si facile fusion que le plomb, ny de si difficile que le fer & le cuiure : le Soleil n'est offensé d'aucun Planette que de la Lune, qui par son opposition eclypse sa lumiere : il n'en est pas priué pour cela, mais seulement est empesché de l'enuoyer en terre, & toutesfois la Lune est éclairée du Soleil : ainsi l'or ne reçoit d'aucun metail si grand obstacle que de l'argent, metail de la Lune, & la moindre partie de l'argent meslée auec l'or, diminuë & sa beauté & sa couleur, & toutefois l'argent augmente sa propre qualité par l'vnion auec l'or, ce qui ne paroist pas és autres metaux ; le Soleil en Aries est en son exaltation, & en Libra en detriment ; Aries est le signe de Mars, & Libra le signe de Venus : ainsi l'or s'exalte en la teinture du fer, & se deprime dans le cuiure : l'on ne peut regarder fixement le Soleil, & l'on ne peut long-temps regarder l'or en fusion.

Venus est aupres du Soleil, & a presque vn mouuement égal auec le Soleil: & le cuiure est le plus voisin de l'or en couleur, & l'on tire toûjours de luy quelques parcelles d'or. Dans Venus est la vertu generatiue & productiue, & dans le cuiure la teinture des metaux inferieurs, & l'on en tire vn tres-beau Vitriol, ce qui ne se fait pas des autres metaux, du moins si aisément.

Mercure est appellé le Postillon & le courant Messager des Dieux, & l'argent-vif est appellé le metail fluant & coulant. Les Poëtes feignent que de Venus & de Mercure est venu Androgens Hermaphrodite, & les Philosophes assurent que de l'argent vif vient l'Amdrogée, c'est à dire le chaud & le sec, le froid & l'humide: les Poëtes feignent encore que le Mercure est le frere de Venus, & ils vont tous deux presque d'vn mouuement égal; & l'argent vif se peut dire vrayement le frere du cuiure, puisqu'en toutes solutions il l'embrasse & s'vnit étroitement

tement à luy ; d'où vient que les Anciens ont dit qu'ils estoient mariez ensemble.

La Lune est appellée des sages la mere des Planetes, d'autant qu'elle assemble en soy les influences des Planetes superieurs, comme des semences : & l'argent se peut dire la mere des autres metaux, parceque par ses propres qualitez il contient tous les autres metaux virtuellement, d'autant qu'il doit necessairement concourir ou directement ou indirectement, comme premier agent à la trãſmutation, alteration & production.

Par là ie veux dire par ces beaux & curieux rapports, nous voyons euidemment la ſympathie des Planettes auec les metaux : mais nous la pouuons encore reconnoiſtre & découurir plus clairemẽt par leurs propres qualitez; car ſi Saturne eſt froid, Iupiter humide, Mars exceſſiuement chaud : ſi Mercure eſt froid, Venus & la Lune humides : ſi, dis-je, Saturne eſt extremement froid & ſec, *ab effectu*; si Iupiter est chaud & humide temperement : si Mars est chaud & sec extremement; le Soleil chaud & sec moderement, Venus froide & humide tẽperémẽt, Mercure froid, la Lune froide & humide, &c. Nous voyons pareillement toutes les mesmes qualitez & dans les mesmes degrez en chaque Metail conformement à son Planette dominant, & partant ils participent vne mesme nature que les Planettes, puisqu'ils ont les mesmes qualitez; Or s'ils ont vne mesme nature & des qualitez semblables, il est tres-manifeste qu'il y a plus de sympathie entre les Astres & les Metaux, qu'entre les mesmes Astres, & les autres corps ou composez de l'Vniuers: Que s'il y a vne plus grande sympathie, il faut par consequent qu'il y ait entr'eux vne naturelle communication, c'est à dire que les Metaux par vn secret mouuement de la Nature demandent, exigent, & attirent les influences des Planettes,

& les mesmes Planettes par vn mouuement fondez en amitié sympathique, leur departent amoureusement & liberalement. Ce n'est donc pas en vain que les Sages faisans leurs Talismans, prennent les pierres ou les metaux conformes aux Astres, desquels ils desirent attirer les influences & les vertus.

Seconde Condition

POVR FAIRE LE TALISMAN.

EN second lieu il faut grauer les caracteres, sceaux, images ou figures des Planettes sur les Metaux correspondans à ces mesmes Planettes : ou pour mieux faire encore, il faut fondre, jetter en moule ou en sable le metail fondu pour estre imprimé ; de ce sceau, figure, image ou caractere, ce qui comprend deux choses: La premiere, que le metail soit excité, ou par la graueure, ou par la fusion, mais à mon sens il est mieux que ce soit par vne fusion quand le Talisman se fait sur vn metail. La seconde, que la figure y soit marquée; Or il est vray que ces deux choses sont fondées en raison, d'autant que premierement le metail ciselé ou fondu estãt excité par vn agent exterieur, & sur tout attaqué par le feu externe son ennemy, ses esprits metalliques ainsi meus & excitez, demandent & attirent plus fortement de l'ayde de son Astre, pour resister à cét agent externe, & pour combattre ce tyran du monde, destructeur de toutes choses : parce que c'est le propre de toutes les natures de se roidir & de chercher du secours à la presence de leur contraire, & puis les vertus & les influences astrales se reçoiuent beaucoup mieux quand le sujet est agité & en mouuement, que quand il est sans action, à cause des irradiations des esprits poussez par ce mouuement, qui en sortans de leurs sujets donnent passage plus libre, & rendent l'entrée & l'accés plus faciles aux influences Planettaires. Secondement la figure du Planette y doit estre imprimée, surquoy il est à remarquer que les corps superieurs ont leurs figures comme les autres choses d'icy bas: puisqu'ils sont corps ils sont figurez & caracterisez, & peuuent estre dépeints & figurez aussi bien que les autres: & ainsi on peut grauer ou imprimer par quelque autre maniere leurs caracteres & leurs figures naturelles.

Or comme l'image & la figure est vne representation de la chose effigiée ou figurée, & que la ressemblance fonde la sympathie, nous deuons asseurer que où il y a plus de ressemblance il y a aussi plus de sympathie : mais personne ne peut douter qu'il y ait plus de ressemblance, du moins exterieure, où se trouue la figure que où elle n'est pas, le rond ressemble au rond, & non pas au carré. Ie ne dis pas icy que la figure soit agissante physiquement, cõme quelques modernes, ny qu'elle soit vn coprincipe de l'action auec Cajetan, mais seulemẽt qu'elle establit vne plus grande sympathie, & qu'à raison de cette plus grande sympathie, elle est au metail vne meilleure disposition pour l'influence du Planette: ainsi c'est auec raison, & non sans fondemẽt, que l'on graue les figures ou les images des Planettes sur les metaux choisis, puisqu'à cause de la plus grande ressemblance exterieure, jointe à celle de la nature interne & formelle, les Astres s'y communiquent plus liberalement. Ce n'est pas sans cause legitime que les sages Anciens qui ont connu ces figures & ces images des astres, & la conformité de la nature des pierres & des metaux auec ces mesmes astres, ont écrit qu'en faisant vn Talismant sur vn metail symbolique & conforme au Planette, il falloit adjouster à cette ressemblance interieure de la nature

nature, la ressemblance exterieure de leur figure, ie dis de leur figure veritable ; car on ne doit point penser que les vrayes images & figures des Planettes ayent esté ignorées par les Anciens & par les Sages, & qu'ils habillent les Astres à leur fantaisie, comme les Peintres les Demons & les Anges, puisque toutes les choses du monde ont leurs figures & leurs caracteres, qualitez inseparables de la matiere si pure qu'elle soit, il n'est pas à croire que nos peres qui ont puisé dans la diuine source toutes les connoissances des composez du monde ayent ignoré les noms, les sceaux, les caracteres, & les images des constellations, le premier homme qui a donné & imposé les noms à toutes choses a connu leur nature; s'il a connu leur nature, à plus forte raison il a connu les qualitez & accidens de leur nature, & partant leurs figures, leurs sceaux, leurs caracteres, & leurs images: Cette rare connoissance a esté consernée & portée depuis A-dam par ſes enfans iuſques au deluge, depuis Noé iuſques à Moyſe; & Moyſe qui parloit à Dieu familierement, & qui en cõnoiſſoit toutes les merueilles l'enſeigna aux Hebreux, & enfin elle s'eſt épanduë par tout comme vne lumiere; & meſmes bien que les Grecs l'ayent penſé corrompre par leur preſomption, elle eſt venuë iuſques à nous, & nous nous en ſeruons heureuſement en la compoſition de nos Taliſmans.

Troisiéme Condition
POVR FAIRE
LE TALISMAN.

IL faut en troisiéme lieu que le Planette soit dans sa meilleure disposition; car si vous attirez les influences dans vne mauuaise conioncture, elles se trouueront alterés d'vn mauuais mélange, les Planettes ont leurs ennemis qui alterent & infectent de qualitez contraires leurs naturelles influences; d'où vient qu'estant attirez par l'artifice dans vne mauuaise dispositiõ, c'est à dire, dans vne mauuaise conionction ou regard, elles seront meslées des influences de son ennemy, contraires à nos intentions; & cette condition paroist si raisonnable, que pour la condamner il faudroit démentir l'experience, & ruiner toute l'Astrologie.

Quatriéme Condition
POVR FAIRE
LE TALISMAN.

IL faut en quatriéme lieu que l'attraction de l'influence du Planette se fasse à l'heure Planettaire, d'autant que comme les Planettes dominent tous les iours vne heure à leur tour, leurs influences estant plus fortes à l'heure qu'ils dominent, que nous appellons l'heure Planettaire, il est tresconuenable que cette attraction se fasse à l'heure du Planette, puisque pour lors il influë plus fortement & copieusement.

CINQVIEME condition.

L'On veut encores que l'Ouurier du Talisman trauaille en vn beau iour & serain, afin que des influences soient receuës & attirées plus facilement ; cette condition n'est pas vainement desirée, car bien que les influences Astrales penetrent par tout, & que tous les corps les plus opaques leur soient comme du verre, neantmoins l'air & la lumiere leur seruans de vehicule & de passage, comme nous voyons au Soleil: Il est plus à propos de commencer son operation en vn lieu aëré, & dans vn temps serein.

DERNIERE condition.

ENfin les Sages ont laissé par escrit que l'Ouurier du Talisman deuoit estre tellement recolligé en soy, qu'il ne laisse point aller son esprit en d'autres estrangeres pensées, mais qu'il ne pense qu'à son ouurage, & au dessein pour lequel il le fait; & voicy la plus soupçonneuse conditiõ des Talismans, & qui oblige d'abord les ames scrupuleuses à les cõdamner: Neantmoins si nous considerons que l'entendement de l'homme se forme des images des choses qu'il connoist par le moyen des fausses ou veritables especes qu'il en a receu par l'entremise des sens, & qu'il reçoit luy-mesme cette image, estant le principe actif & passif de ses intellectiõs, & que l'homme, abbregé de toute la nature, & pour cela appellé, petit monde, peut receuoir & reçoit en effet les influences des Planettes, nous connoistrons que s'il s'applique fortement à la fin & au dessein de son ouurage; & si par cette attention il vnit son esprit au Planette, il se formera vne Image de ce mesme Planette, & par cette image qui establit sa ressemblance, il attirera conioinctement auec le métail l'influence Astralle, tant sur le métail, que sur luy-même, comme il est necessaire; autrement portant sur soy son Talisman, il en pourroit receuoir les impressions aussi bien que les autres: Par exemple, s'il auoit fait vn Talisman pour donner de la terreur, il en receuroit luy-mesme à l'aspect du Talisman; mais ayant attiré sur soy aussi bien que sur le metail cette qualité terrifique, il ne fait point d'impression sur son Talisman, & le Talisman n'en fait point sur luy comme sur les autres, qui ne se sont point formez cette image qui a determiné l'influence à descendre & se communiquer, de laquelle procede cette vertu & qualité qui imprime & donne de la terreur; & pour cet-

cette raison personne ne se doit entremettre de faire des Talismans qu'il ne sçache les vrays sceaux, images, figures, ou caracteres des constellations, autrement il seroit priué de ses attentes, & frustré de ses esperances.

Et parce que le Planette a diuerses influences qu'il enuoye indistinctement, & que le Talisman receuroit de mesme sorte: Il faut que l'ouurier applique, non seulement son esprit à l'Astre, mais encores à la fin & au dessein de son operation, d'autant que se formant ainsi l'image de la qualité qu'il pretend introduire au Talisman, cette image determine par la mesme loy cette influence à se communiquer particulierement au Talisman, & est precisement & singulierement attirée entre toutes les influences que le Planette peut produire: Si la femme imprime dans l'enfant qu'elle porte en ses flancs la ressëblance de l'objet par le moyë de l'image qu'elle s'en est formée, pourquoy ne pourrons-nous pas receuoir en nous-mesmes des qualitez semblables à l'influence du Planette par la vertu de l'image que nous en aurons formée en l'imaginatiue & en l'entendement ; & pourquoy n'imprimerons-nous pas la mesme ressemblance de qualité dans vn metail ou autre matiere de nos Talismans par la force de cette mesme image ; puisque la femme l'imprime bien en son enfant, qui n'est pas plus capable de receuoir cette impresfiondés l'imaginatiue de sa mere, que le metail Planettaire l'impression de l'influence par l'image que l'intellect en a formé, & par la figure que l'ouurier y a graué ou ciselé. Les effets merueilleux des images & des objets formez en l'imaginatiue de l'animal sont trop connus pour estimer resuerie l'application de l'esprit à l'Astre, & à la fin de l'operation en la composition des Talismans, que les Sages ont iugé necessaire pour attirer fortement ces influences ; croire certains effets, & n'en croire pas d'autres aussi faciles à persuader, c'est estre du nombre de ces incredules & opiniastres, qui ne veulent adjouster foy qu'à ce qu'ils voyent & peuuent conceuoir, & faisant la foiblesse de leur iugement la regle de nos croyances, pensent que tous les autres n'ont pas la veuë plus perçante qu'eux, & ne sçauroient porter leurs esprits plus haut pour découurir de nouuelles lumieres ; s'ils auoient quelquesfois en leurs vies porté & vnit leurs esprits aux Astres & non à la seule terre, où ils rampent à la cadene de l'ignorance, ils auroient des pensées plus hautes & moins presomptueuses, ils ne s'efforceroient pas de nous rauir vn moyen tres-innocent & naturel, pour procurer quelques douceurs dans la vie en semãt des scrupules dans les ames à la faueur de leurs fausses lumieres : mais plûtost ils connoistroient que les influences des Planettes descendent icy bas sans intermission, qu'on les peut attirer abondamment & fortement par artifice; que le metail est vn sujet propre pour cét effet, à raison de la correspondance qu'il a auec l'Astre, qu'il est encore plus propre à receuoir cette influence, s'il est marqué de la figure de cét Astre, à raison de la plus grande ressemblance par l'excitation des esprits du metail en vertu de la fusion qui le dispose mieux à cette impression, qu'au temps de la meilleure disposition du Planette l'influence est plus salutaire & moins meslangée, qu'elle descend plus fortement à l'heure Planetaire en vn beau lieu & en vn iour serain, que l'application de l'esprit de l'ouurier à l'Astre & à la fin de son operation fortifie l'attraction de l'influence, & la determine à l'effet qu'il desire ; & ainsi ils nous exciteroient à la recherche de l'Astronomie, sans laquelle on ne peut rien en cét Art admirable ; Ils loüeroient nos curieuses occupations, ils admireroient l'Autheur de la Nature dans de si beaux effets, & feroient desormais vn sage discernement des Talismans naturels auec les caracteres diaboliques, qui consistent en des mots forgez & inuentez par le Demon, inspirez aux Sorciers, grauez, écrits ou imprimez sur des pierres, metaux, ou parchemins vierges, auec des vaines & des superstitieuses obseruations dont on ne peut rendre aucune raison naturelle. Ie n'ay garde de les raconter crainte de prophaner par ces impietez l'innocence de ce discours ; c'est assez destruire les fausses vertus des caracteres de l'Enfer, que d'establir les veritables pouuoirs de ceux des Astres, des signes & des Planettes qui se forment sans superstition, sans conjuration, & auec des conditions & circonstances toutes fondées en la raison & en l'exigence de la nature.

Mais vous me direz peut-estre qu'encores bien qu'il ne paroisse rien de superstitieux & de surnaturel en la composition des Talismans:

les effects toutesfois que l'on leur attribuë estans au dessus du pouuoir de la Nature, sont des motifs assez forts pour les condamner : vous m'accorderez bien que les influences des Astres se peuuent attirer fortement & copieusement, & que toutes les conditions cy-dessus rapportées ne blessent pas la raison, mais que ces influences attirées sur la pierre ou sur le metail puissent causer les effects que nous lisons dans les écrits des curieux, c'est ce qui ne se peut pas aisément conceuoir : car quelle apparence que Saturne fasse trouuer les Tresors & reuele les secrets ? Iupiter departe les dignitez & les honneurs, le respect & la dilection ? Que Mars donne les victoires ? Le Soleil l'amitié des grãds, des Princes & des Rois ? Venus l'amour des femmes, la paix & la concorde ? Mercure les sciences & le bon-heur aux marchandises, & au jeu ? Que la Lune felicite les voyages, & en destourne les malheurs ? Si le pouuoir des Talismans

mans ne s'étendoit qu'à guerir les maladies, comme les signes & les Astres dominent icy bas sur les diuerses parties de nos corps ; à sçauoir le Soleil au cœur, Venus aux reins ; Mercure au poulmon, la Lune au cerueau ; Mars à l'estomach ; Iupiter au foye, Saturne à la ratte, le Belier à la teste , le Taureau au col, les Iumeaux aux bras & aux épaules, l'Ecreuisse à la poitrine & au cœur , le Lyon à l'orifice de l'estomach, la Vierge au ventre ; la Balance aux reins & aux fesses, le Scorpion aux parties honteuses, le Sagittaire aux cuisses, le Capricorne aux genoux, le Verseau aux iambes, & les poissons aux pieds, ainsi qu'õt remarqué les Astrologues Medecins, on pourroit se persuader facilement que les influences de ces Constellations attirées par l'artifice gueriroient les infirmitez és parties sur lesquelles elles dominent, & que souuent elles causent, d'autant que l'experience nous fait voir que si l'on collige vn simple propre à quelque maladie à l'heure du Planette, qui a correspondance auec le simple, il en est beaucoup plus efficace : elle nous fait connoistre que si vn simple est cueilli à l'heure du Planette, ennemy de celuy qui cause cette maladie, son operation en est plus forte & plus heureuse : comme par exemple si vous cueillez la Chicorée qui est amie du foye à l'heure de Mars, elle sera beaucoup meilleure pour guerir les inflammations du foye, que si elle estoit cueillie à vne autre heure, parce que Iupiter cause cette incommodité, & Mars est l'ennemy de Iupiter ; d'où vient que les plus sages & les plus sçauans Medecins conseillent de prendre garde aux maladies que causent les Planettes, & de prendre ou preparer le remede à l'heure que domine le Planette ennemy de celuy qui a causé la maladie. Ainsi nous connoissons par l'experience que les influences attirées par les soins & artifices de l'ouurier peuuent guerir & causer diuerſes maladies, & produire dans les ſujets pluſieurs mauuaiſes ou bonnes qualitez, ſelon la force ou la vertu de l'influence. Mais il n'eſt pas ſi facile à conceuoir comme ces Aſtres donnent les honneurs, les victoires, l'amour, & produiſent d'autres ſemblables effets qui dependent des volontez & libertez des hommes.

A n'en point mentir cette objection paroiſt d'abord auoir aſſez de force, & celuy qui diroit que les Aſtres produiſent ces merueilleux effets, dependans principalement de nostre liberté, par vne fatale necessité seroit dans l'erreur : mais aussi si nous disons que les Astres inclinent nos volõtez sans toutefois les contraindre, je ne vois pas qu'en ce sens, je veux dire en nous donnant quelques inclinations par leurs influences, que l'on nous puisse blasmer si nous asseurons qu'ils peuuent donner de l'amour, de la crainte, de la terreur, & des honneurs. Nous sommes tous composez de quatre humeurs que l'on appelle sang, colere, melancolie & pituite, ces humeurs produisent en nous plusieurs sortes d'accidens, & de là deriuent les diuers mouuemens de nostre ame : nous connoissons assez tous les iours que nous sommes agitez de nos diuerses passions suiuant que l'vne de ses humeurs domine. Or il est indubitable que les Planettes & les Astres dominent sur ces humeurs, d'où vient que nous appellons les melancoliques Saturniens, les humides Lunaires, les sanguins Iouiaux, & les coleres Martiaux; & partant les Astres par cette domination inclinent nos volontez, que reçoiuent souuent les mouuemens de nos passions excitées & allumées par nos humeurs, & c'est en ce sens qu'il faut entendre que les Talismans donnent des honneurs, de l'amour, de la terreur & de la crainte : ils sont remplis pour les raisons que nous auons dit des influences Astrales, ces influences produisent leurs vertus, & la personne qui les porte sur soy est comme le ciel de cét Astre corporifié, ceux qui les reçoiuent se trouuent agitez de son propre & naturel mouuement, & ce mouuement se rencontrant naturel en la personne qui le reçoit, elle le regarde comme vn bien qui luy est propre : ainsi tend plustost au sujet d'où il procede qu'à tous autres : par exemple vous portez vn Talisman pour donner de la terreur ou de l'amour, c'est à dire de Mars ou de Venus, vostre Talisman imprimé & empreint fortement des influences de ces Aſtres, ſont icy bas comme ces Aſtres meſmes corporifiez dans leur propre matiere, partant ils agiſſent & exhalent leurs vertus à la façon de ces Aſtres, & vous qui les portez eſtes comme le ciel & l'intelligence qui les mouuez de part & d'autre, vous les portez és lieux où ſont les perſonnes auſquelles vous voulez donner de la terreur ou de l'amour, ces perſonnes à la preſence inuiſible de ces

Astres reçoiuent ces influences, elles se trouuent agitées de leurs vertus de crainte ou d'amour, & elles en produisent les mouuemens à vostre égard, parce que c'est de vous que part l'influence & la vertu : si elle est pour donner de la crainte, on vo⁹ craint ; si de l'amour on vous ayme, & ainsi de toutes les autres semblables qualitez : Et certes en cela ie ne vois rien de criminel, car tous ces effets ne prouiennent directement que des humeurs excitées par les influences qui sont enuoyées par les Talismans, & receus és sujets par le moyen de ces humeurs; & nous ne disons pas que les personnes qui reçoiuent les vertus des Talismans ne peuuent resister à leur effort, elles le peuuent sans doute, & si elles sont poussées fortement lorsqu'elles y resistent, leur victoire en est plus glorieuse & plus illustre.

Et c'est ainsi que l'ont entendu les anciens Sages & Philosophes quãd ils nous ont decrit la vertu

vertu des sceaux & des figures Planettaires grauez sur des metaux ou sur les pierres : & iamais ils n'ont pretendu que les Talismans fussent des images Necromantiques qui empoissonnẽt les esprits, & les forcent au mouuement & à l'effet de quelque passion. Salomon estoit trop sage pour laisser à la posterité des images de cette nature, & toutesfois l'on luy impute vn Liure intitulé, *Des Sceaux des Pierreries*, où il dit que la figure d'vn homme grauée sur du jaspe vert enchassée dans l'airain, ayant vn bouclier pendu au col, & vn casque en teste, vn glaiue esleué à la main, & foulant vn serpent aux pieds, rend celuy qui le porte au col par tout victorieux & inuincible. Que la figure du Scorpion & du Sagittaire se combattans grauées en quelques pierres, & enchassées dans vn anneau de fer, cause les diuisions parmy ceux qui en sont touchez; au contraire, la figure du Belier auec la moitié du Taureau grauée dans vne pierre,

& enchaſsée dans l'argent, apporte la paix & la concorde. Que la figure du Verſeau grauée ſur vne turquoiſe, fait gagner aux Marchands tout ce qu'ils veulent. Que la figure de Mars, qui eſt d'vn Soldat armé auec ſa lance, grauée ſur vne pierre, rend l'hõme belliqueux. La figure de Iupiter, qui eſt la forme d'vn homme ayant vne teſte de Belier grauée ſur quelque pierre, rend celuy qui la porte aymable & gracieux, & luy fait obtenir l'effet de ſes deſirs.

Que la figure du Capricorne grauée sur vne pierre precieuse, & enchassée dans vn anneau d'argent, rend l'homme inuulnerable, & en ses biens & en sa personne: vn Iuge ne pourra iamais donner sentence iniuste contre luy, il abondera en biens & en honneurs, & acquerra la bien-veillance de tous les hommes.

Le grand Hermes pareillement n'a iamais esté soupçonné de Magie, & cependant il a laissé dans vn de ses Liures quinze images de mesme façon.

Ragel, Tetel, Cahel, anciens Hebreux, Geber, Bacon, & autres grands personnages en ont aussi laissé des traitez tous entiers, ausquels ie renuoye les curieux : il me suffit icy d'insinuer au Lecteur que de si grands hommes, si éclairez en leurs esprits, si reglez dans leurs mœurs, & si sages dans leurs vies, n'auroient pas voulu donner au public des leçons superstitieuses ; & qu'il est plus à croire qu'ils auoient reconnu la vertu des Talismans par leur grande estude, par leurs profondes speculations, & par la parfaite connoissance qu'ils auoient de la nature des Astres, des Pierres, & des metaux Sympathiques, auec les Planettes & Constellations.

Ie ne crois pas aussi qu'ils nous ayent enseigné ces leçons curieuses, pour nous obliger à leur practique auec empressement, mais seulement nous faire connoistre les secrets ressorts & merueilleux pouuoirs de la Nature.

Et moy pareillement, ie ne pretends pas faire vn capital de cette Scien-ce dans ce petit ouura-ge : Ie ne pretends pas donner des aiguillons aux curieux pour s'ap-pliquer à sa recherche, mais seulement de la iu-stifier contre la calom-nie ; au contraire, s'il estoit à propos de faire icy vne pieuse digres-sion, ie conseillerois à tous les Philosophes Chrestiens de ne regar-der le Talisman que d'vn œil tres-indifferent, & comme vn tres-leger di-uertissement de leurs esprits ; puisque nous auons dans la loy de grace, d'vne façon plus sainte & plus aduantageuse, tous les plus riches effets que nous pourrions esperer par nos trauaux & par nos soins, du plus caché & du plus grand pouuoir de la Nature : Oüy, i'oseray dire, (vsant toutesfois de cette comparaison auec respect) que le Fils de Dieu a laissé aux Chrêtiens en partage deux diuins Talismans, qui chargez des influences de sa grace, comprennent toutes les vertus que l'on pourroit s'imaginer. Nous a-t'il pas laissé la precieuse figure de sa Croix, qui a esté marquée publiquement auec son sang au dessus du Caluaire, au iour dedié à Venus, par ce qu'il nous deuoit reconcilier auec le Ciel, & remettre en grace auec son Pere, & establir la paix par toute la Terre, qui cõprend en elle seule infiniment plus de vertus que tous les Talismans de la nature: puisqu'elle chasse les Demons, elle donne les victoires, elle nous soumet toutes les puissances, elle esteint les feux, elle meut la terre, elle change l'air, elle calme les eaux, elle arreste les foudres, elle appaise les orages, elle fait trembler tout le monde, & donne les vrays honneurs, les vrayes grandeurs & les veritables richesses. Nous a-t'il pas laissé en second lieu le riche caractere de son nom א pour faire par sa vertu tout ce que nous voulons pour obtenir toutes nos demandes, pour chasser les Demōs, pour écraser les serpens, pour amortir l'actiõ des venins, & pour guerir toutes ſortes de maladies. Ce ſont là, s'il m'eſt permis toutesfois d'vſer de ce mot, les vrays Taliſmans des Chreſtiens, auec leſquels ils doiuent operer les plus grands miracles, & ſe procurer tous les plus riches aduantages. Et s'ils ſe ſentent portez de curioſitez de trauailler aux autres cydeuant declarez, i'aduouë que ce deſir n'eſt point blaſmable : mais il faut que ce ſoit auec indifference & dans l'ordre, & sur tout que l'intention soit reglée, & ne regarde que le bien du prochain & la gloire de Dieu. A ces conditions i'en laisseray icy quelques-vns que i'ay choisi & recouuré parmy plusieurs comme les plus veritables & experimentez.

POVR

POVR GVERIR les maux de teste.

GRauez la figure du Belier auec celle de Mars, qui est vn homme armé auec sa lance, & de Saturne qui est vn vieillard tenãt vne faux à la main, tous deux estant directes, & Iupiter n'estant pas en Aries, ny Mercure au Taureau.

Ou marquez simplement le Belier le Soleil y estant.

POVR LES MAVX de la gorge, & du col.

GRauez la figure du Taureau en la troisiéme face, le Soleil estant sur la terre.

POVR LES MAVX de reins & coliques.

GRauez la figure du Lyon en la premiere face.

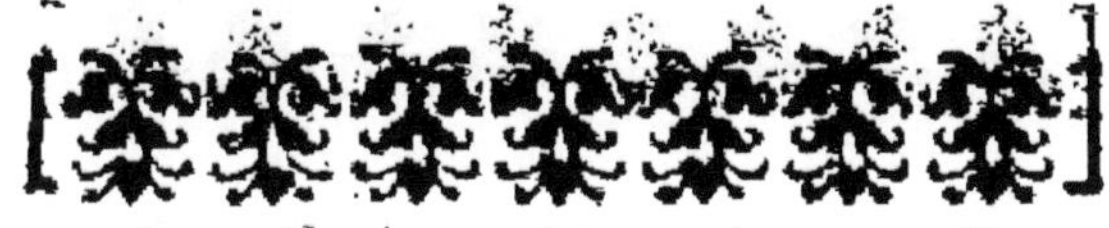

POVR LA IOYE, Beauté, & force du corps.

GRauez l'image de Venus, qui est vne Dame tenante en main des pommes & des fleurs, en la premiere face de la Balance, des Poissons ou du Taureau.

POVR GVERIR la Goute.

GRauez la figure des Poissons, qui sont deux poissons, l'vn ayant la teste d'vn costé, & l'autre de l'autre, sur or ou argent, ou sur de l'or meslé d'argent, quand le Soleil est aux Poissons libre d'infortune, & que Iupiter seigneur de ce Signe est aussi fortuné.

POVR ACQVERIR aisément les honneurs, grandeurs & dignitez.

FAites grauer l'image de Iupiter, qui est vn homme ayant la teste d'vn Belier sur de l'estain ou de l'argent, ou sur vne pierre blanche, au iour & heure de Iupiter quand il est dans son domicile, comme au Sagittaire ou aux Poissons, ou dans son exaltation, comme au Cancre, & qu'il soit libre de tous empeſchemens : principalement des mauuais regards de Saturne ou de Mars, qu'il ſoit viſte & non brûlé du Soleil : en vn mot, qu'il ſoit fortuné en tout, comme le ſçauant Aſtrologue pourra connoiſtre ; portez cette image ſur vous eſtant faite comme deſſus, & auec toutes les conditions ſuſdites, & vous verrez ce qui ſurpaſſe voſtre creance.

POVR ESTRE HEVreux en Marchandiſes, & au jeu.

GRauez l'image de Mercure ſur de l'argent ou ſur de l'eſtain, ou vn metail composé d'argent, d'eſtain & de Mercure, au iour & à l'heure de Mercure, portez-là ſur vous ; ou la mettez dans vn Magaſin du Marchand, il proſperera en peu de temps d'vne façon preſque incroyable.

POVR ESTRE COVrageux & victorieux.

GRauez l'image de Mars en la premiere face du Scorpion.

POVR AVOIR LA faueur des Roix, des Princes & des Grands, & mesme pour guerir les maladies.

GRauez l'image du Soleil, qui est vn Roy assis dans vn trône ayant vn Lyon à son costé, ſur de l'or tres-pur & tres-raffiné en la premiere face du Lyon, & qu'il ſoit fort & fortuné.

POVR AVOIR L'ESprit plus ſubtil, & la memoire meilleure.

GRauez l'image de Mercure, qui eſt vn ieune homme aſſis tenant en main vn Caducée, & la teſte couuerte d'vn chapeau en la premiere face des Iumeaux ou de la Vierge, ſur vn metail comme nous auons dit cy-deuant.

POVR ACQVERIR des richesses, & mesme pour guerir les maux froids.

GRauez la figure de l'Escreuisse à l'heure de Saturne, le Cancre estant au milieu du Ciel, & Saturne à la seconde face, sur du plomb affiné, ou sur de l'argent ou sur de l'or.

Voilà sans doute les Talismans plus receus de tout temps, & dont i'ay veu quelques effets assez considerables pour les autoriser : les Autheurs en enseignẽt plusieurs autres, mais comme ie n'en ay point veu d'experience, & que ie ne puis pas les déduire tous en particulier, ie vous diray seulement en general que les figures, images ou caracteres de tous les Signes faits quand le Soleil y est, sont souueraines pour les maladies des parties qui sont dominées par ces signes. Que les figures des Planettes faites sur des metaux qui leur ſont propres au iour & à l'heure du Planette, & quand il eſt en bonne diſpoſition, ſont excellentes pour les effets qui dependent de la vertu de ſon pouuoir. Que pour aſſembler ou faire fuïr les animaux que vous voudrez, il faut faire les figures ou ſignes des Planettes qui dominent ſur ces animaux, quand ces Signes ou Planettes ſont dans vne conuenable diſpoſition, c'eſt à dire, que ſi c'eſt pour les amaſſer, il faut que le Planette ſoit dans vne bonne diſpoſition:

ſi c'eſt

faire fuir, il faut qu'il soit dans vne mauuaise conjoncture. Or la façon d'vser des Talismas est de les porter sur soy. Quelques Autheurs desirent que l'on en touche les personnes desquelles on preted quelque effet ; l'on les met aussi és lieux où l'on desire amasser les animaux, comme dans vn Colombier pour faire venir les Pigeons , dans vn bois pour amasser les loups afin de les tuer , dans vne campagne où doiuent passer les ennemis où l'armée pour leur imprimer de la terreur & les mettre en déroute, dans vn grenier pour en chasser les rats & autres vermines, qui mangent le grain. Et pour conclure ce petit ouurage i'assureray auec les anciens, confirmé par mon peu d'experience, que si vous obseruez bien toutes les conditions necessaires à la composition du Talisman, vous découurirez vn merueilleux pouuoir dans la Nature, vous loüerez son autheur, & ne me voudrez point de mal de vous auoir icy esbauché vn petit crayon de cette curieuse science. Mais ie prie aussi de tout mon cœur celuy qui voudra y appliquer ses mains & son esprit de ne la point prophaner, comme font plusieurs par vn vain meslange de mille choses inutiles & superstitieuses, de ne s'en point seruir pour de mauuais vsages, mais seulement pour la satisfaction de son esprit, pour le soulagement de son prochain, & pour la gloire de celuy qui a donné à la Nature tout le pouuoir qu'elle a, & qui la peut empescher d'agir, quand bon luy semble.

FIN.

www.ingramcontent.com/pod-product-compliance
Ingram Content Group UK Ltd.
Pitfield, Milton Keynes, MK11 3LW, UK
UKHW022111190726
13855UKWH00002B/786

9 782012 860810